亲子动物故事绘

U0268901

美丽草原是我家

崔钟雷　主编

中国书籍出版社
China Book Press

非洲狮

野牛

羚羊

鳄鱼

白狮

非洲豹

斑鬣狗

斑马

角马

wǒ shì yì zhī fēi zhōu shī　wǒ de jiā xiāng zài fēi zhōu sài lún gài dì píng
我是一只非洲狮，我的家乡在非洲塞伦盖蒂平

yuán　wǒ hé dì di mèi mei men chū shēng hòu　jiù yì zhí zài shī qún zhōng shēng
原。我和弟弟妹妹们出生后，就一直在狮群中生

huó　mā ma wú wēi bú zhì de zhào gù zhe wǒ men
活，妈妈无微不至地照顾着我们。

动物小百科

雌狮的孕期一般为 100~119 天，
每胎产 2~4 崽，有时会多达 6 崽，多
在草丛或岩洞中生产。

3

wǒ de jiā li yǒu èr shí zhī shī zi　qí zhōng yǒu liǎng zhī chéng nián

我 的 家 里 有 二 十 只 狮 子 , 其 中 有 两 只 成 年

xióng shī hé bā zhī chéng nián cí shī　hái yǒu shí zhī yòu shī　wǒ shì yì zhī

雄 狮 和 八 只 成 年 雌 狮 , 还 有 十 只 幼 狮 。 我 是 一 只

hái méi zhǎng dà de xióng shī　dàn wǒ fēi cháng xiàng wǎng yǒu yì tiān néng gòu

还 没 长 大 的 雄 狮 , 但 我 非 常 向 往 有 一 天 能 够

chéng wéi cǎo yuán bà zhǔ

成 为 草 原 霸 主 。

爸爸是我们这个狮群的首领。他的身材很高大，脖子上长着金色的鬣毛，那长长的鬣毛一直延伸到肩和胸。爸爸的一举一动都透着霸气。

雌狮主要负责捕猎，它们不论白天黑夜皆可能出击。狮子的夜视能力很强，因此，它们在夜间或晨昏时捕食的成功率更大。

wǒ hé dì di mèi mei men zhú jiàn zhǎng dà zhí dào yǒu yì tiān mā ma ràng

我和弟弟妹妹们逐渐长大，直到有一天，妈妈让

wǒ men duǒ zài yì biān guān kàn bǔ liè wèi lái de yí duàn shí jiān mā ma yào jiāo

我们躲在一边观看捕猎。未来的一段时间，妈妈要教

huì wǒ men bǔ liè de běn lǐng

会我们捕猎的本领。

最大的狮群可能聚集了30只甚至更多的成员，但大部分狮群维持在15只左右，小一些的狮群也很常见。

_{mā ma yǒu shí huì yòng cū cāo de shé tou tiǎn wǒ}
妈妈有时会用粗糙的舌头舔我
_{men bāng wǒ men qīng lǐ máo pí tā de shé tou jì wēn}
们，帮我们清理毛皮，她的舌头既温
_{nuǎn yòu yǒu lì bèi mā ma tiǎn zhe zhēn shū fu}
暖又有力，被妈妈舔着，真舒服。

妈妈说："非洲草原上的生存法则就是植食性动物吃草，肉食性动物吃植食性动物和杂食性动物，我们处于食物链中最上面的一环。"

动物小百科

各种生物通过一系列吃与被吃的关系紧密地联系起来，这种生物之间以食物营养关系彼此联系的序列，在生态学上被称为"食物链"。

dàn wǒ men yě bìng bú shì jué
但我们也并不是绝
duì ān quán de chéng nián shī zi yǒu
对安全的，成年狮子有
shí huì zài bǔ liè de guò chéng zhōng
时会在捕猎的过程 中
shòu shāng ér wǒ men zhè yàng de xiǎo
受伤，而我们这样的小
shī zi zé hěn kě néng huì zāo dào qí
狮子则很可能会遭到其
tā dòng wù de gōng jī
他动物的攻击。

狮子强大的消化系统可以使其吃腐肉不会生病。事实上，有些被逐出狮群的狮子在捕捉不到猎物时都是靠吃腐肉维持生命的。

有一次，我和表哥发现几只小斑鬣狗在啃一副小羚羊的骨架，表哥把斑鬣狗赶跑了，带着我去吃羚羊肉，肉有些臭了，不过，表哥说我们狮子是可以吃腐肉的。

yǒu shí　mā ma huì dài zhe wǒ men duǒ zài ān quán de dì fang　péi wǒ men

有时，妈妈会带着我们躲在安全的地方，陪我们

jìng jìng de guān chá yì qún qún de bān mǎ　líng yáng　dà xiàng　　　yě xǔ yǒu yì

静静地观察一群群的斑马、羚羊、大象……也许有一

tiān　tā men dōu huì biàn chéng wǒ men de liè wù

天，他们都会变成我们的猎物。

guò le yí duàn shí jiān wǒ men kāi shǐ chī ròu bìng jīng cháng gēn zhe mā
过了一段时间，我们开始吃肉，并经常跟着妈
ma xué xí rú hé bǔ liè zhè tiān wǒ men kàn dào mā ma hé qí tā jǐ zhī cí shī
妈学习如何捕猎。这天，我们看到妈妈和其他几只雌狮
yì qǐ bǔ dào le yì tóu yě niú
一起捕到了一头野牛。

shī zi jiā zú de jìn shí guī ju shì xióng shī zuì xiān　rán hòu shì cí shī

狮子家族的进食规矩是雄狮最先，然后是雌狮，

xiǎo shī zi men pái zài zuì hòu

小狮子们排在最后。

爸爸头上那张扬的鬣毛容易暴露目标，所以他经常是在隐蔽的地方捕猎。

但是，当狮群想捕捉河马这样的大型动物时，爸爸就会参与捕猎，因为体格强健的爸爸有更大的把握制伏河马。

羚羊是一种小型植食性动物，它们胆小而机警，行动敏捷，遇到危险时会快速奔跑。

yì tiān wǎn shang　　wǒ qiāo qiāo de liū le chū lái　　tū rán　　wǒ fā xiàn yì
一 天 晚 上 , 我 悄 悄 地 溜 了 出 来。 突 然 , 我 发 现 一

zhī xiǎo líng yáng zhèng zài dú zì chī cǎo　　biàn qiāo qiāo de mái fú zài yí gè huāng
只 小 羚 羊 正 在 独 自 吃 草 , 便 悄 悄 地 埋 伏 在 一 个 荒

cǎo duī hòu miàn　　bìng fā shì yí dìng yào zhuā zhù tā
草 堆 后 面 , 并 发 誓 一 定 要 抓 住 他。

我紧紧地盯着小羚羊，看准时机，突然冲了出去，小羚羊拔腿就跑。这时，一个熟悉的身影出现在小羚羊的前面。啊！是妈妈。我仿佛拥有了无穷的勇气。

小羊羊被吓得愣住了，我猛地将他扑倒在地，用尖利的牙齿咬住他的脖子，不一会儿，他就放弃了挣扎，我的第一次捕猎成功了。

我和妈妈拖着战利品走在回家的路上。突然，我听到了几声长长的狮吼。我有点儿害怕。妈妈安慰我说："这是雄狮在保护自己的领地，提醒其他狮子或是肉食性动物，谁都不许靠近。"

动物小百科

每一个狮群都有自己明确的领地范围，狮群的领地大小由食物的充足程度而定，小到几平方千米，大到一百多平方千米。

wǒ duì biǎo gē jiǎng le nà tiān wǎn shang de shì

我对表哥讲了那天晚上的事，

wǒ hái gào su tā wǒ de mèng xiǎng jiù shì dāng shī zi wáng biǎo gē

我还告诉他我的梦想就是当狮子王。表哥

shuō děng nǐ chēng bà cǎo yuán de shí hou ràng wǒ fǔ zuǒ nǐ zěn me

说："等你称霸草原的时候，让我辅佐你怎么

yàng wǒ shuō nà dāng rán hǎo

样？"我说："那当然好！"

nà cì bǔ liè huí lái　　wǒ chī de hěn
那次捕猎回来，我吃得很
bǎo　　yóu yú ròu li hán yǒu fēng fù de shuǐ fèn
饱。由于肉里含有丰富的水分，
wǒ sān tiān dōu méi hē shuǐ　　sān tiān hòu　　wǒ lái
我三天都没喝水。三天后，我来
dào hé biān zhǎo shuǐ hē
到河边找水喝。

wǒ zhàn zài àn biān　　hē le jǐ kǒu

我 站 在 岸 边 , 喝 了 几 口

shuǐ hòu　　biàn xīn shǎng qǐ měi jǐng lái

水 后 , 便 欣 赏 起 美 景 来 。

塞伦盖蒂平原拥有世界上最大规模的动物群落,约有70种大型哺乳类动物和500种特有鸟类生活在这里,是目前保存较完好的原始生态系统。

“你刚刚踩到我了。”“你是谁？”我问。“连我你都不认识，我是鳄鱼！”他说话的口气很大，样子很凶。

鳄鱼是迄今发现活着的最早和最原始的动物之一，在三叠纪至白垩纪的中生代由两栖类进化而来，延续至今仍是半水生且性情凶猛的脊椎类爬行动物。

wǒ jí máng dào qiàn bìng lí
我急忙道歉并离
kāi wǒ hái hěn ruò xiǎo wǒ kě
开，我还很弱小，我可
bù xiǎng gēn zhè ge xiōng è de dà
不想跟这个凶恶的大
jiā huo yǒu shén me chōng tū
家伙有什么冲突。

白狮产于非洲，是非洲狮的变种，数量稀少。目前世界上现存的白狮数量不超过 150 头。

在回家的路上，我遇到了一头白色的狮子，我从来没见过这种颜色的狮子。我很好奇，于是就和他聊了起来。

科普课堂

由于白狮的毛色在野外环境中较为显眼，隐蔽性差，致使捕食成功率低，生存较为艰难。

白狮说："我身上的色素细胞发生了突变，所以毛色才变成白色，我们是狮子家族中最为稀少的一种。"白狮这么孤单，我很想多陪他一会儿，可是我必须早点儿回到狮群。于是，我拿了一只羚羊送给了白狮。

时间过得很快，一转眼，我长大了。我想试着独立生活，于是我和表哥决定到外面的世界去闯一闯。

wǒ bǎ wǒ de xiǎng fǎ gào su le mā ma
我把我的想法告诉了妈妈。
mā ma wēn hé de shuō　　xióng shī jiù yīng gāi yǒu
妈妈温和地说："雄狮就应该有
yuǎn dà de bào fù　　dà dǎn de zǒu chū qù ba
远大的抱负，大胆地走出去吧。"

动物小百科

　　狮子身上的气味很大，很容易暴露自己，因此，狮子在猎食时会尽可能地隐藏自己，然后小心翼翼地接近目标。

wǒ hé biǎo gē jiù zhè yàng jiā
我 和 表 哥 就 这 样 加
rù le liú làng shī zi de háng liè
入 了 流 浪 狮 子 的 行 列，
suǒ yǒu de yí qiè dōu děi kào wǒ men
所 有 的 一 切 都 得 靠 我 们
zì jǐ le suī rán wǒ men bìng méi yǒu
自 己 了。虽 然 我 们 并 没 有
tiān dí dàn tián bǎo dù zi yī jiù bú
天 敌，但 填 饱 肚 子 依 旧 不
shì yí jiàn róng yì de shì
是 一 件 容 易 的 事。

在捕猎的时候，我和表哥碰上了同属猫科动物的强劲对手——非洲豹。他们善于奔跑，通常喜欢在晚上捕猎。

wǒ hé biǎo gē gēn fēi zhōu bào dōu kàn zhòng le yì zhī dèng líng wǒ
我和表哥跟非洲豹都看中了一只瞪羚,我
men sān gè hěn qīng sōng de zhuō zhù le dèng líng rán hòu wǒ hé biǎo gē biàn
们三个很轻松地捉住了瞪羚,然后我和表哥便
kāi shǐ yǔ fēi zhōu bào qiǎng duó liè wù
开始与非洲豹抢夺猎物。

动物小百科

非洲豹喜欢在树上进食。为了减轻拖食物上树的负担，非洲豹会先在地上吃掉三分之一左右的猎物，然后再将猎物拖到树上进食。

tū rán　　wǒ kàn dào fēi zhōu bào shēn biān yǒu liǎng zhī xiǎo bào　　wǒ xiǎng dào

突然，我看到非洲豹身边有两只小豹，我想到

le mā ma　　yú shì wǒ tóu yě bù huí de lí kāi le

了妈妈，于是我头也不回地离开了。

现在，我们还不够强大，不敢闯入别的狮群。有的时候，我和表哥会加入到其他的流浪狮子中，大家合力捕捉猎物。

cháng jǐng lù shì shì jiè shang zuì gāo de lù shēng dòng
长 颈 鹿 是 世 界 上 最 高 的 陆 生 动
wù tā men de quán shēn biàn bù wǎng zhuàng bān wén ér qiě měi
物。他 们 的 全 身 遍 布 网 状 斑 纹,而 且 每
zhī cháng jǐng lù shēn shang de bān wén dōu shì bù yí yàng de
只 长 颈 鹿 身 上 的 斑 纹 都 是 不 一 样 的。

长颈鹿是非洲特有的一种哺乳动物,它们的眼睛很大,能够看到远处的东西。长颈鹿的舌头长而灵活,能够卷食隐藏在大树里层的树叶。

cháng jǐng lù shì qún jū
长颈鹿是群居
shēng huó de　　chéng nián cháng
生活的，成年长
jǐng lù yóu yú shēn gāo tuǐ
颈鹿由于身高腿
cháng　　sì zhī kě jìn xíng qián
长，四肢可进行前
hòu zuǒ yòu quán fāng wèi tī
后左右全方位踢
dǎ　suǒ yǐ　yì bān qíng kuàng xià wǒ men bú huì
打，所以一般情况下我们不会
qīng yì zhāo rě cháng jǐng lù
轻易招惹长颈鹿。

一次，我和同伴捕捉了一只正在喝水的长颈鹿，他们喝起水来十分不便，需要叉开前面两腿，或者跪在地上，这样就很难逃跑了。

dāng dà jiā wéi zài yì qǐ
当 大 家 围 在 一 起
chī cháng jǐng lù ròu de shí hou
吃 长 颈 鹿 肉 的 时 候，
tū rán lái le yì qún bān liè gǒu
突 然 来 了 一 群 斑 鬣 狗。

二十几只斑鬣狗对付一只狮子，没有参战的斑鬣狗尽情地享用着他们新抢来的食物。

bān liè gǒu men néng bǎ qiǎng dào de shí wù bāo
斑鬣狗们能把抢到的食物，包
kuò fǔ ròu hé gǔ tou dōu kěn de yì gān èr jìng zhè yě
括腐肉和骨头都啃得一干二净，这也
qǐ dào le měi huà cǎo yuán de zuò yòng suǒ yǐ shuō bān
起到了美化草原的作用，所以说斑
liè gǒu shì cǎo yuán shang de qīng dào fū
鬣狗是草原上的"清道夫"。

suī rán wǒ men yào bǐ bān liè gǒu dà hěn duō dàn tā men yě shì xiōng měng
虽然我们要比斑鬣狗大很多，但他们也是凶猛
qiáng dà de bǔ shí zhě ér qiě tā men zhàn jù shù liàng yōu shì wú nài zhī xià
强大的捕食者，而且他们占据数量优势，无奈之下，
wǒ hé wǒ de tóng bàn zhǐ hǎo chè tuì le
我和我的同伴只好撤退了。

科普课堂

斑鬣狗和狮子的关系很复杂，它们经常会互相争斗，抢夺对方的食物。

65

斑马在我的眼里是十分美丽的动物，他们一身黑色和白色相间的条纹，能帮助他们很好地隐蔽自己。

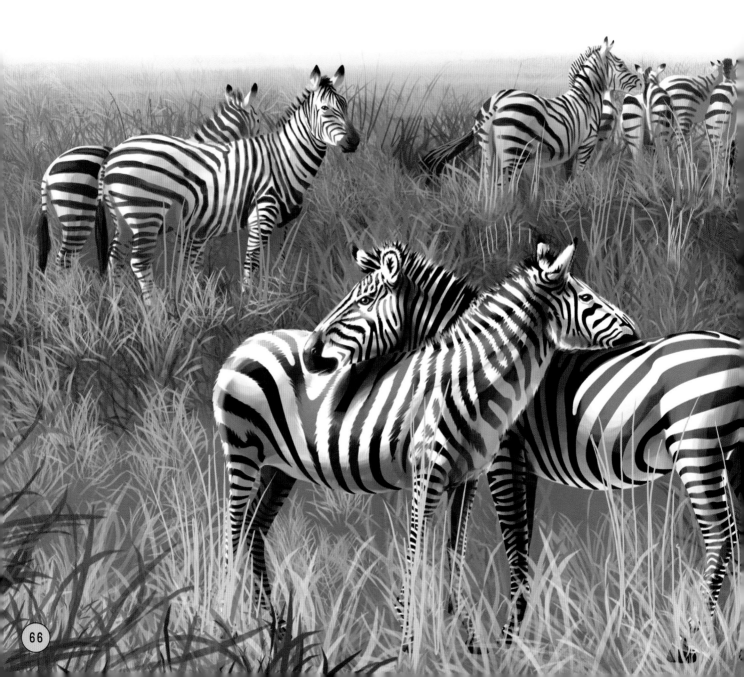

斑马的饮食比较单一，除了草之外，他们的生命里不能缺少水，所以他们对水源特别敏感。

一天，我发现一匹斑马在一个干涸的河床里。我悄悄叫来了表哥和一只流浪狮子，我们一起围攻那匹斑马。在大家的团结协作下，我们获得了新鲜的斑马肉。

到了七八月间，草原进入了旱季，大批角马聚集在一起，准备离开这里，渡过马拉河去寻找水草肥美的新家园。

角马也叫牛羚，是一种生活在非洲草原上的大型植食性哺乳动物。角马头大肩宽，像水牛；身体后部较细，像马；颈部长有黑色的鬃毛。

角马们夜以继日地赶路，每天要走四十多千米。

他们明明知道前面就是狮子

的据点，也会成群地

经过狮群；明明知道河里面埋伏着张着血盆大口的鳄鱼，也会义无反顾地过河，因为目标只有一个——向前冲。

zuì jìn wǒ hé biǎo gē yùn niàng zhe
最近，我和表哥酝酿着
gōng zhàn shī qún
攻占狮群。

wǒ men yào zhàn lǐng de shī qún shì yóu
我们要占领的狮群是由
liǎng zhī xióng shī wǔ zhī cí shī hé qī zhī
两只雄狮、五只雌狮和七只
yòu shī zǔ chéng de jǐn guǎn shī qún bú dà
幼狮组成的。尽管狮群不大，
dàn shì tā men de lǐng dì wèi zhì hěn hǎo shì
但是他们的领地位置很好，是
wǒ xīn zhōng zuì lǐ xiǎng de qī shēn zhī dì
我心中最理想的栖身之地。

bǎo hù zhè ge lǐng dì de xióng shī yě shì yí duì xiōng dì　yào xiǎng dǎ yíng
保护这个领地的雄狮也是一对兄弟。要想打赢

tā men　mán gàn shì jué duì xíng bù tōng de
他们，蛮干是绝对行不通的。

zài yí gè yè wǎn　fù zé shǒu wèi de shī zi xiōng dì fēn kāi le　wǒ hé
在一个夜晚，负责守卫的狮子兄弟分开了。我和

biǎo gē jué dìng jiù chèn zhè yì wǎn jìn rù shī qún
表哥决定就趁这一晚进入狮群。

我和表哥合力扑向了离我们较近的一只老雄狮，很快我和表哥就占了上风，老雄狮被我们赶出了狮群。

dāng lìng yì zhī xióng shī gǎn guò
当另一只雄狮赶过
lái shí wǒ hé biǎo gē hé lì jìn
来时，我和表哥合力进
gōng yì jǔ jiāng tā jī bài le
攻，一举将他击败了。

太阳升起来了，我和表哥成了这个狮群最新的守护者。我站在高处俯视整个草原，初升的太阳把光芒洒向大地，草原的传奇将由我来书写。